지구가 점점 더워지고 있어.
'기후 위기'를 막기 위해 우리가 일상에서
실천할 수 있는 일들이 있단다.
저탄소 요리 대결에 도전해 보지 않을래?

나의 첫 지리책 3

도젠! 저탄소 요리 대결

기후 위기와 환경

최재희 글 | 시미씨 그림

휴먼
어린이

그럼 엄마가 더 맛있는 요리를 골라 주시는 거죠?

좋아요, 도전! 헤헤, 대신 조건이 있어요.

진 사람이 이긴 사람에게 햄버거 사 주기!

하하, 그래. 너의 도전을 받아들이겠다!

그렇다면 아빠도 조건이 있단다.

엄마 생일을 축하하는 뜻깊은 음식이니,

그에 걸맞은 가치 있는 음식을 만드는 거야.

이름하여

기후 위기 대응 요리 만들기

아빠의 제안을 받아들이겠니?

좋아요!

뭐든지 제가 꼭 이길 거예요.

그런데 '기후 위기 대응 요리'라는 게 뭐예요?

자, 어떤 요리 대결인지 설명할게.

우선 '기후'란 어떤 곳에서 매년 되풀이되는 날씨의 상태를 뜻해.

우리나라가 봄, 여름, 가을, 겨울과 같은 사계절이 있는 것처럼 말이야.

그런데 우리나라의 최근 100년간 기후를 살펴보면,

봄, 가을, 겨울이 짧아졌고, 여름은 지나치게 길어지고 있단다.

게다가 너무 덥거나 춥고, 때아닌 비가 내리는 등
평소와 다른 기후가 자주 나타나고 있지.
이런 변화를 기후가 위태롭다는 뜻에서 **기후 위기**라고 부른단다.
이번 여름을 생각해 보렴.
너무 많은 비가 내려서 거리가 물에 잠겼고
산의 흙과 나무가 쓸려 내려오는 바람에 많은 사람이 목숨을 잃었지?

또 밤에는 잠을 자기 힘들 정도로 더워서
새벽까지 에어컨을 켜는 일이 흔했잖니.

이상기후
전세계 신음

NEWS DESK

이러한 일들이 최근 들어 매우 잦아져서
우리나라뿐만 아니라 세계 여러 나라가 걱정하고 있단다.
기후 변화 때문에 세계가 위기에 빠졌다고 보는 거지.
그렇다면 기후 위기 대응 요리가 뭔지 감이 오지?
기후 위기를 생각하면서 음식을 만들자는 거야.

그럼, 기후 위기 대응 요리는 어떻게 만들 수 있나요?

기후 위기 대응 요리는 이름처럼 어렵진 않단다.
핵심은 음식을 만들 때 **최대한 탄소를 줄이는 데**
있고 말이야. 탄소를 줄인다니, 바로 이해가 안 되지?
지금부터는 이번 요리 대결을 위해
꼭 알아야 할 것을 설명해 줄게.
이쯤에서 아빠는 변신을 준비해야겠는걸?

지리 선생님으로 **변신**

탄소는 아주아주 작은 물질이라 눈으로 볼 수 없지만,
숨바꼭질을 좋아해서 여기저기에 숨어 있단다.
네가 즐겨 마시는 우유에도 실은 탄소가 숨어 있지.
탄소는 어떻게 우유 속에 숨을 수 있을까?

우유를 만드는 건 어미 젖소야.
어미 젖소는 열심히 풀을 뜯어 먹고,
어린 송아지에게 먹일 우유를 만든단다.

풀은 신비롭게도 햇빛을 빗물과 잘 섞어서
에너지를 만들 수 있는 능력이 있지.
그렇게 만들어진 에너지 속에 바로 탄소가 숨어 있고 말이야.
어미 젖소가 풀을 먹는 일은 곧 풀이 만든 에너지를 먹는 일과 같아.

그런데 아빠, 요리할 때 왜 탄소를 줄여야 하나요?

탄소가 무슨 안 좋은 일이라도 해요?

지금부터는 조금 무거운 이야기를 해야겠구나.

요즘 전 세계는 탄소 때문에 걱정이 많단다.

탄소가 기후 위기를 앞당기는 원인 중 하나로 밝혀졌거든.

탄소는 풀 속이나 어미 젖소 속에 있을 때는 문제가 없단다.

하지만 탄소는 공기 중으로 나오면 심술궂은 장난을 시작하지.

바로 **온실 효과**를 만드는 거야.

올봄에 다녀온 딸기 농장을 떠올려 볼까?

우리가 함께 빨갛게 익은 딸기를 먹던 비닐하우스가 바로 '온실'이란다.

튼튼한 기둥을 세우고 그 위에 비닐을 덮은 온실은

바깥 날씨가 제아무리 쌀쌀해도 정말 따뜻하지.

이와 비슷한 효과가 거대한 지구에서도 나타난다고 해서

'온실 효과'라고 부르게 되었단다.

온실 효과의 원리는 간단해.

태양에서 나오는 빛은 지구에 사는 생명체들에게

없어서는 안 될 소중한 에너지야.

하지만 만약 지구가 태양으로부터 에너지를 받기만 한다면 어떨까?

아마도 지구는 계속해서 더워질 수밖에 없을 거야.

그래서 똑똑한 지구가 태양으로부터 받은 에너지 일부를 돌려보내는데,

이때 돌아가는 에너지를 **막아 세우는 게** 바로 탄소란다.

탄소가 점점 더 많아진다면 지구가 점점 더워져서

온실처럼 되어 가겠지?

자, 이제부턴
어떤 음식을 만들지 정해 볼까?

지난번 지오가 만든 카나페를
엄마가 참 맛있게 먹었지.
혹시 이번 요리 대결에 카나페 어떠니?
아빠도 엄마가 좋아하는
햄버그스테이크를 준비하고 말이야.

네, 카나페라면 정말 자신 있어요.
엄마 생신 음식이니 정말 잘 만들고 싶어요.

그래, 좋았어! 메뉴를
정했으니, 재료부터 사야겠지?
마트로 출발!

참, 재료를 고르기 전에
탄소를 줄이기 위한 몇 가지 장보기 규칙을 알려 줄게.
지오가 보기 쉽도록 아빠가 미리 적어 왔단다.
한번 읽어 볼래?

기후위기 요리규칙

첫째, 국내산 재료만을 산다.

둘째, 동물로 만든 재료를 사지 않는다.

셋째, 환경을 생각해 만들었다는
인증 마크가 있는 재료만을 산다.

넷째, 버려지는 음식을 줄이기 위해
먹을 만큼만 재료를 산다.

1

첫 번째, 국내산 재료만을 골라야 하는 까닭은
우리나라에서 생산된 재료가 탄소를 훨씬 덜 만들기 때문이야.
이곳 마트에서 볼 수 있는 수많은 물건은
모두 **교통수단**을 통해 이곳에 모였단다.
문제는 배, 비행기, 자동차 같은 교통수단은
이동하는 중에 많은 탄소를 내뿜는다는 거야.
그러니 멀리 다른 나라에서부터 들여온 수입산 재료보다는
아무래도 이동 거리가 짧은 국내산이 좋겠지?

두 번째, 동물로 만든 재료를 사지 않는 건
동물을 키우는 데 아주 많은 탄소가 나오기 때문이야.
소나 돼지, 양 등 동물을 키우려면 정말 많은 숲을 없애야 하거든.
숲이 사라지면 탄소는 더 늘어날 수밖에 없단다.
숲의 나무는 공기 중의 탄소를 없애는 아주 훌륭한 청소기 역할을 하거든.
그러니 가능하다면 동물로 만든 재료를 사용하지 않는 게 좋지.

세 번째, 친환경 인증 마크를 잘 찾아야 해.
우리나라는 쌀, 밀, 옥수수 등 농산물을 키울 때,
소, 돼지, 닭 등 축산물을 키울 때, 미역, 홍합, 물고기 등
수산물을 키울 때, 탄소를 덜 쓰는 방식을 선택했다면
친환경 마크를 붙여 준단다.
그러니 이러한 마크가 붙은 물건을 사면 좋아.

마지막으로, 음식이 버려지는 것은 너무 안타까운 일이란다.

세상 어딘가에는 여전히 굶주리는 사람이 많거든.

게다가 환경을 생각해서도 음식을 낭비하지 말아야 해.

음식을 만드는 데 얼마나 많은 힘이 필요하니?

재료를 만드는 과정부터 이동하는 과정,

조리하는 과정에서 정말 많은 탄소가 만들어지거든.

그래서 **먹을 만큼만 음식을 만들어서**

남김없이 먹는 습관이 중요하단다.

자, 지금부터 규칙을 잘 생각하면서 재료를 골라 보자!

그런데 아빠가 만들 음식이 문제네요!

햄버그스테이크는 고기로 만들어야 하는데 어떻게 하죠?

설마 스테이크 고기도 식물로 만든 게 있나요?

하하! 그래, 맞아.

아빠는 소고기를 대신할 수 있는 식물성 스테이크를 미리 봐 뒀단다.

예전에 아빠 직장 동료가 점심시간에 식물성 스테이크를 먹는 것을 보고 깜짝 놀랐었지.

아빠가 먹어 보니, 맛이 실제 스테이크 못지않게 훌륭했어.

아빠, 식물성 스테이크 포장지에 '비건'이라는 단어가 있네요.
이건 무슨 뜻인가요?

아, 비건 말이니? 비건은 영어 Vegan에서 온 이름이란다.
쉽게 말해 식물로 만든 음식 말고는
아무것도 먹지 않는 걸 원칙으로 하는 채식주의자를 뜻해.
그러니까 채소, 과일, 해초류와 같은 식물성 음식만 먹는 거지.

엄격한 채식주의자가 되려면 네가 좋아하는 우유는 물론,

달걀, 벌꿀 등 동물에게서 얻는 모든 먹거리를 멀리해야 한단다.

정말 강한 의지를 갖지 않고는 실천하기 힘들겠지?

하지만 기후 위기 시대에 한 번쯤은 고민해 봐야 할 일이 아닐까 싶기도 해!

탄소 발자국은 배출된 탄소의 양을 숫자로 나타내.
마치 몸무게를 재듯 탄소 발자국을 숫자로 재 놓으면,
나, 우리, 그리고 우리나라가 얼마나 더 노력해야 하는지
쉽게 알 수 있단다.

자, 이제 재료를 다듬고 깨끗하게 씻어 볼까?
기후 위기 대응 요리 대결이니 물도 최대한 아껴서 쓰고,
이따 설거지할 때도 세제를 절약하면 좋겠구나.

너와 함께 기후 위기와 지구 환경을 생각하려니
아빠도 더욱 힘이 나고 행동을 조심하게 되는걸?
작은 일부터 우리가 함께 노력한다면
지구에게 조금이나마 도움이 될 거야.

기후 위기 체험하기

기후변화체험관

우리나라에는 기후 변화에 대해 다양한 정보를 알려 주고,

여러 체험 활동도 할 수 있는 기후변화체험관이 여러 군데 있습니다.

가족, 친구들과 함께 가까운 기후변화체험관에 가 보세요.

갈수록 빨라지는 기후 변화의 속도를 늦추기 위해

생활 속에서 어떤 실천을 해야 하는지

재미있는 놀이를 통해 저탄소 생활의 지혜를 배울 수 있습니다.

전라남도 담양에 있는 호남기후변화체험관

인천시에 있는 부평굴포누리 기후변화체험관

서울에너지드림센터

서울에너지드림센터는 우리나라 최초의 제로 에너지 건물이에요.
태양광 발전으로 전기를 생산하고, 땅의 온기로 난방을 하는 등
신재생 에너지를 사용하는 건축물이지요.
기후 변화와 친환경 에너지에 대해 널리 알리기 위해 세워졌고,
누구나 방문해 다양한 전시를 구경할 수 있답니다

용머리 해안

제주도에 있는 용머리 해안은 시루떡처럼 차곡차곡 쌓인
땅의 결이 아름답기로 유명해요.
최근 기후 변화가 심해지면서 용머리 해안의 멋진 풍경을
볼 수 있는 날이 줄어들고 있습니다. 해수면이 높아지면서
탐방로가 물에 잠기는 날이 많아졌기 때문이에요.
기후 위기의 심각성을 직접 느껴 볼 수 있는 곳으로,
해안 입구에는 기후변화홍보관도 있어
지구 온난화에 대한 설명도 들을 수 있답니다.

환경을 위한 '그린 모빌리티'

최근 '모빌리티'는 말이 널리 쓰이고 있습니다.

모빌리티는 어디에서부터 어디까지 이동하는 수단을 이르는 말이에요.

자전거, 자동차, 기차, 비행기 등

목적지로 향할 때 이용하는 모든 게 모빌리티라고 할 수 있지요.

최근 세계의 여러 나라는 기후 위기와 관련해

모빌리티 산업에 큰 관심을 두고 있습니다.

지금까지 대부분의 모빌리티는 석탄, 석유 등

기후 변화의 원인으로 알려진 탄소 배출이 많은 화석 연료를 썼지요.

배터리를 충전해 사용하는 전기차

오늘날 화석 연료로 이동하는 수단은
전기, 수소 중심의 이동 수단으로 서서히 바뀌고 있습니다.
세계의 여러 나라들이 더는 탄소를 배출하지 않기 위해서
친환경 이동 수단을 개발하고 있지요.
이제 모두가 기후 위기가 얼마나 심각한지 깨달았기 때문입니다
우리 주변에서도 친환경 이동 수단을 쉽게 찾아볼 수 있습니다.
요즘 집집마다 자동차를 전기차나
전기와 석유를 번갈아 쓰는 하이브리드 자동차로 바꾸는 경우가 많고,
공유 자전거와 전동 킥보드도 모두 전기를 활용한
'그린 모빌리티', 다시 말해 친환경 이동 수단이지요.

서울시 공유 자전거 '따릉이'

전기를 사용하는 폴란드의 바르샤바 트램

글 최재희

서울 휘문고등학교 지리 교사입니다. 좋은 글을 쓰는 데 관심이 많습니다. 지은 책으로 《스포츠로 만나는 지리》, 《복잡한 세계를 읽는 지리 사고력 수업》, 《바다거북은 어디로 가야 할까?》, 《이야기 한국지리》, 《이야기 세계지리》, 《스타벅스 지리 여행》 등이 있습니다.

그림 시미씨

일상의 사소한 매력을 담아내고 싶은 일러스트레이터입니다. 네이버에서 웹툰 〈곰팡남녀〉를 연재 중이며, 그린 책으로 〈미스터리 수학 탐정단〉 시리즈, 《출동! 머니 뭐니 클럽》, 《친애하는 나의 몸에게》, 《나 없음 씨의 포스트잇》, 《맛난이 채소》 등이 있습니다.

나의 첫 지리책 3 — 도전! 저탄소 요리 대결

1판 1쇄 발행일 2024년 12월 23일

글 최재희 | 그림 시미씨 | 발행인 김학원 | 편집 이주은 | 디자인 기하늘

저자·독자 서비스 humanist@humanistbooks.com | 용지 화인페이퍼 | 인쇄 삼조인쇄 | 제본 다인바인텍

발행처 휴먼어린이 | 출판등록 제313-2006-000161호(2006년 7월 31일) | 주소 (03991) 서울시 마포구 동교로23길 76(연남동)

전화 02-335-4422 | 팩스 02-334-3427 | 홈페이지 www.humanistbooks.com

사진 출처 인천광역시, 서울에너지드림센터

글 ⓒ 최재희, 2024 그림 ⓒ 시미씨, 2024

ISBN 978-89-6591-595-9 74980

ISBN 978-89-6591-592-8 74980(세트)